Karina Stieler / Gabriele Wollenheit

Weihnachtliche Laubsägearbeiten

Karina Stieler • Gabriele Wollenheit

Weihnachtliche Laubsägearbeiten

Anleitungen und Vorlagenbogen

Augustus Verlag

Inhalt

Ein Wort zuvor

Schöne Dinge aus Holz gehören zum Weihnachtsfest wie der Weihnachtsbaum und – für die Kleinen – der Adventskalender. Was liegt also näher, als weihnachtliche Laubsägearbeiten selbst herzustellen? Vom Holzstern bis zum lustigen Hampelmann, vom Lichterbogen bis zur traditionellen Weihnachtspyramide und Krippe – für jeden Geschmack und jedes Können ist etwas dabei. Alle Motive sind mit der Hand- oder Dekupiersäge leicht nachzuarbeiten und wecken schon beim Basteln die Freude aufs Fest.
Doch so sehr es Ihnen auch in den Fingern juckt, gleich „loszulegen“: Lesen Sie sich die Arbeitshinweise auf den ersten Seiten genau durch, so können Sie zeitraubende Fehler vermeiden, erhalten hilfreiche Tips und erfahren zum Beispiel auch, wie Sie die beiliegenden Vorlagen schonen und immer wieder verwenden können.
Also liebe Bastlerinnen und Bastler: Vor der Praxis kommt immer erst ein bißchen Theorie! In diesem Sinne: Frohes Schaffen und ein schönes Weihnachtsfest!

Ihre

Gabriele Wollenheit
und
Karina Stieler

Werkzeug und Materialien

Grundausstattung

- Schleifpapier und Schmirgelschwämme mittlerer und feiner Körnung
- Bleistift und Radiergummi
- wasserlösliche Bastelfarben in mehreren Farbtönen (Details siehe unten)
- Malutensilien wie Pinsel, Wasserglas und Lappen
- Holzleim und Bastelkleber (z.B. Uhu)
- ein Sortiment Laubsägeblätter in unterschiedlichen Größen
- ein Sägetischchen mit Schraubklemme
- eine Hand- oder elektrische Laubsäge (Dekupiersäge)

Sonstiges Zubehör

Holzperlen, Glitzerband, Samtfaden, Glimmer u.a. sind, wenn erforderlich, in der jeweiligen Anleitung genannt. Alles, was Sie zum Übertragen der Vorlagen auf das Holz benötigen, finden Sie auf Seite 8.

Farben, Beizen, Lacke und Lasuren ...

Zur Bemalung sind -wenn nicht anders angegeben - jede wasserlösliche Bastelfarbe, jeder Acryl-Lack sowie Seiden- oder Stoffmalfarben verwendbar. Sehr gut geeignet sind auch Plakatfarben (z.B. BasicColor von Marabu oder Plaka von Pelikan).
Bastel- und Plakatfarben sind matte oder hochglänzende Lacke auf Wasserbasis, die speziell für den Hobbybereich in kleinen Mengen angeboten werden. Sie sind auch in Tuben mit spitzer Spritztülle als Konturen-Liner erhältlich (z.B. Decorlack-Liner, Marabu). Seiden- und Stoffmalfarben gibt es in transparenter und deckender Ausführung. Auch normale und wasservermalbare Buntstifte können je nach Motiv zur farblichen Gestaltung geeignet sein. Außerdem gibt es noch ein Sortiment von etwa zehn bunten, wasserlöslichen Holzbeizen (Rot, Orange, Gelb, Grün, Blau, Schwarz, Grau, Violett, Türkis – und viele Brauntöne, aber kein Weiß). Diese Beizen sind als Pulver im entsprechenden Fachhandel erhältlich. Als Schutzanstrich eignet sich eine reine Bienenwachslasur ohne Lösungsmittel. Teile, die der Witterung ausgesetzt sind, brauchen jedoch einen wetterfesten Schutzanstrich. Je nach Holzart eignet sich dafür farblose Dickschichtlasur oder Bootslack.

... und ihre Anwendung

Bastelfarben, ob matt oder glänzend, sind nach dem Trocknen wasserfest. Sie können problemlos mit Farben aller Art übermalt werden. Anders sieht es bei den Holzbeizen aus. Da sie wasserlöslich sind, lassen sie nur bedingt ein Übermalen mit anderen Farben zu. Trennen Sie gegebenenfalls beide Farbarten durch einen Zwischenstrich mit farbloser Dickschichtlasur. Außerdem werden Sie große Schwierigkeiten haben, mit Beizen einen exakten Farbauftrag bzw. eine genaue Farbabgrenzung zu erreichen. Durch ihre wäßrige Konsistenz ist das beinahe unmöglich. Beizen eignen sich daher eher für einfarbige Bemalung. Stoff- und Seidenmalfarben reagieren bei der Verarbeitung genau wie Holzbeizen.
Bienenwachslasur verleiht den Farben einen zarten, seidigen Glanz. Sie läßt sich schnell und problemlos auftragen, da sie nach dem Trocknen keine sichtbaren Pinselstriche oder Tropfnasen hinterläßt. Allerdings ist sie nicht wasserfest.
Mit farbloser Dickschichtlasur auf Wasserbasis kann man bei allen Werkstücken, die einen wetterfesten Anstrich erforderlich machen, und – das ist sehr wichtig! – aus Massivholz bestehen, sehr gute Ergebnisse erzielen. Ein einmaliger, satter Auftrag ist völlig ausreichend. Mehrere Anstriche mit Bootslack machen auch aus Sperrholz hergestellte Werkstücke wetterfest. Für Objekte mit vielen Ecken und Kanten eignet sich sehr gut Lack in Sprühdosen. Erhältlich sind Klar-, Seidenmatt- und Mattlack (z.B. von Marabu). Das Gute an diesen Lacken ist die schnelle Trocknungszeit.

Grundausstattungen für Laubsägearbeiten gibt es recht preiswert als fertige Sets zu kaufen. Hier ein Beispiel der Firma Bonum.

Werkfoto: Bonum

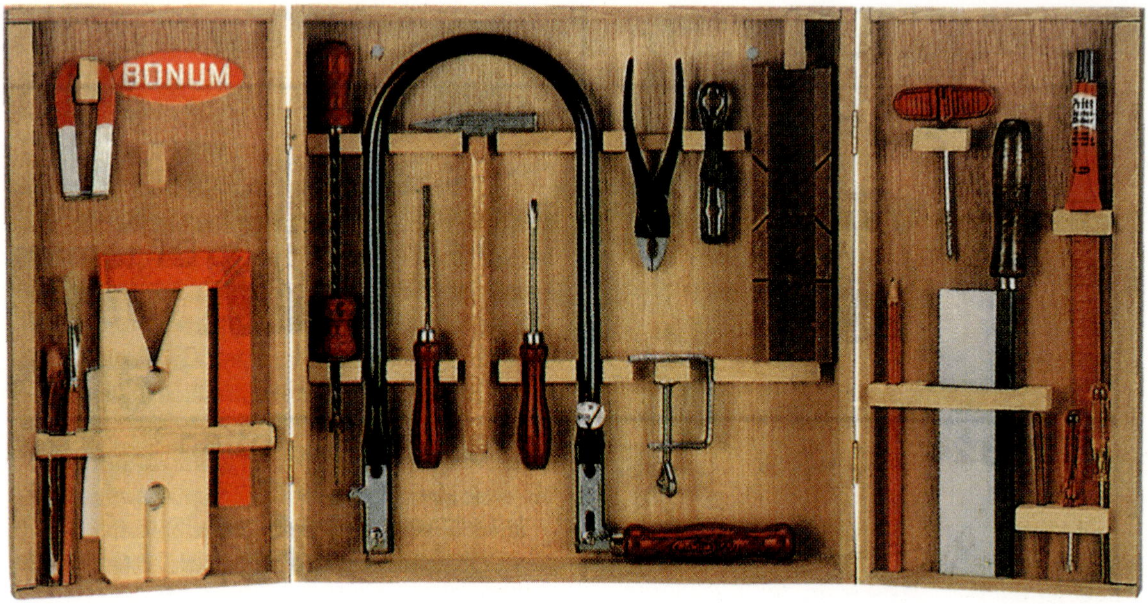

Bei Raumtemperatur können Sie das lackierte Teil bereits nach zehn Minuten wieder anfassen und weiterverarbeiten.
Eine Bemalung mit Buntstiften ist besonders für kleinere Kinder gut geeignet. Größere erreichen auch mit wasservermalbaren Stiften interessante Effekte, z.B. Schattierungen.

Massiv- oder Sperrholz

So halten Sie den Sägebogen richtig.

Um die Modelle in diesem Buch nacharbeiten zu können, benötigen Sie Holz in verschiedenen Stärken. Sie haben die Wahl zwischen Massiv- oder Sperrholz. Möchten Sie massives Holz verarbeiten, wählen Sie eine weiche Sorte, z.B. Abachi, aus. Dieses Holz läßt sich auch noch in 20 mm Stärke mit der Hand-Laubsäge bearbeiten.
Wird das Werkstück später mit Acrylfarben bemalt, spielen Farbe und Maserung des Holzes keine Rolle. Soll es jedoch seine natürliche Ausstrahlung behalten, also nicht farblich behandelt werden, dann nehmen Sie ein qualitativ einwandfreies Stück, welches in Farbe und Maserung Ihren Vorstellungen entspricht.
Ayous, Gabun, Limba, Birke und Pappel sind Bezeichnungen für Sperrhölzer, die sich stark in der Maserung und den Farbtönen unterscheiden. Von ganz hellen Farben, über Gelb und Rötlich, bis hin zu Braun ist fast alles zu haben. Die Auswahl bei Massivhölzern ist geringer, da Sie sich auf weiche Sorten beschränken müssen.

Laubsäge oder Dekupiersäge?

Eine Frage, die sich nicht so leicht beantworten läßt, da es ganz darauf ankommt, wie häufig Sie sägen, wieviel Geld Sie ausgeben möchten und vieles mehr. Die folgenden Erläuterungen erleichtern Ihnen die Entscheidung vielleicht ein wenig.

Laubsäge

Die Laubsäge wird mit Armkraft und in einer ständigen Auf- und Abbewegung des Bogens durch das Holz geführt. Das Sägeblatt soll dabei senkrecht geführt und nur leicht gegen das Holz gedrückt werden. Starker Druck oder schräge Haltung können das Sägeblatt zum Verkanten bzw. Reißen bringen.
Den Sägebogen immer waagerecht und parallel zum Unterarm halten. Der Unterarm wird immer rechts vom Körper gehalten, nie davor! Auch bei Kurvenschnitten bleiben der Sägebogen und der Unterarm in beschriebener Stellung, da nur das Holz in die gewünschte Richtung gedreht wird. Wenn Sie kleine Teile aussägen müssen (siehe z.B. Seite 50 „In Bethlehem"), brauchen Sie ein Sägetischchen. Es wird mit einer Schraubklemme an der Tischkante befestigt. Der Schlitz und das Loch im Tischchen ragen über die Kante hinaus. Das auszusägende Teil wird über das Loch gelegt und das Sägeblatt durch den Schlitz geführt. So kann auch das kleinste Motivteilchen problemlos gesägt werden! Mit den Flügelschrauben am Laubsägebogen werden die Sägeblätter gespannt. Leider sitzen die Schrauben häufig so fest, daß selbst Erwachsene Schwierigkeiten beim Öffnen haben. Mit einem Flügelschraubenschlüssel (siehe Abb.) geht es jedoch ganz einfach. Und auch Kinder können ganz unbesorgt mit der Laubsäge „werkeln".
Eine Laubsäge kostet komplett mit Sägetisch, Klemme, Flügelschraubenschlüssel und einem Sortiment Sägeblätter etwa DM 25,-. Sie ist damit preiswerter als eine Dekupiersäge, stromunabhängig, platzsparend und leise. Mit ihr können Sie beinahe überall Ihrem Hobby nachgehen.

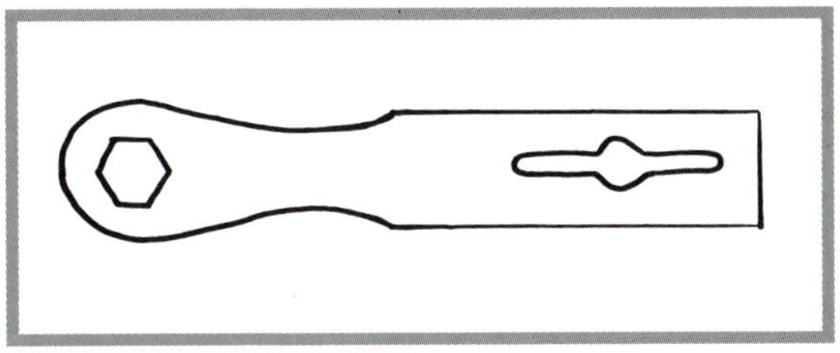

So sieht ein einfacher Flügelschraubenschlüssel aus.

Dekupiersäge

Dekupiersägen arbeiten alle nach dem gleichen Prinzip. Ein Motor übernimmt die Auf- und Abbewegung des Sägeblattes. Unterschiede gibt es in der Ausstattung, der Handhabung und dem Preis. Das Holz wird mit beiden Händen fest auf den Sägetisch gedrückt und leicht gegen das laufende Sägeblatt geführt. Mit einer Dekupiersäge läßt sich auch härteres Holz bis zu einer Stärke von 50 mm sägen. Weitere technische Merkmale und die genaue Handhabung der Säge entnehmen Sie bitte der Bedienungsanleitung. Eine Dekupiersäge kann nicht immer und überall genutzt werden, da sie meist auf einem stabilen, standfesten Tisch montiert werden muß und nur mit Strom läuft. Außerdem ist sie nicht so leise wie eine Handlaubsäge. Kinder dürfen niemals unbeaufsichtigt mit der Dekupiersäge arbeiten.

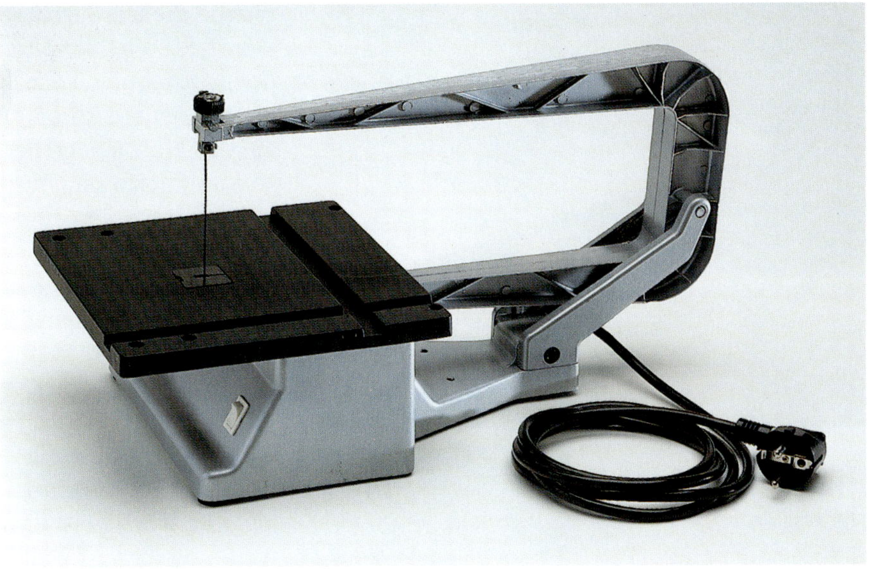

Die Dekupiersäge Eco der Firma Peter Bausch.

Techniken

Grundarbeiten

Die ersten Arbeiten sind bei allen in diesem Buch gezeigten Laubsägearbeiten gleich. Das Motiv wird auf Holz übertragen (siehe unten), ausgesägt, geschmirgelt und in den meisten Fällen bemalt. Erst dann folgen weitere, ganz individuelle Arbeitsgänge, die Ihnen Schritt für Schritt in der jeweiligen Anleitung erklärt werden.

Übertragen der Vorlagen auf das Holz

Um die Motive von der Vorlage auf das Holz zu übertragen, gibt es mehrere Möglichkeiten. Grundsätzlich läßt sich jedes Motiv mit den unten erklärten Techniken übertragen. Sehr filigrane Muster sollten jedoch nicht aufgezeichnet werden, denn es ist sehr schwierig, sie ganz genau zu übernehmen. Statt dessen kopieren Sie die Vorlage, kleben die Kopie mit Rubbelkleber (Fotozubehör) auf das Holz und sägen beides zusammen aus. Kopienreste und Kleber werden dann abgezogen bzw. abgerubbelt.

So werden Innenschnitte gemacht:
Sägeblatt durch Loch stecken und oben wieder einspannen, Innenteil heraussägen.

Abpausen
Um die Vorlagen zu schonen, pausen Sie das Motiv auf Pergamentpapier ab. Legen Sie einen Bogen Graphitpapier und darüber das Pergamentpapier auf ein passendes Stück Holz. Alle vier Ecken befestigen Sie mit Tesafilm oder Reißzwecken. Zeichnen Sie alle Linien, am besten mit einem andersfarbigen Stift nach. Dadurch können Sie gut sehen, ob Sie eventuell eine Linie vergessen haben. Wenn beide Bogen entfernt sind, sehen Sie das Motiv auf der Holzplatte.

Kopieren
Stellen Sie von der Originalvorlage eine Kopie her. Mit dieser Kopie arbeiten Sie weiter wie unter „Abpausen“ beschrieben. Das Kopieren der Vorlagen ist auch dann hilfreich, wenn Sie ein Motiv in verschiedenen Größen herstellen möchten. Mit dem Kopierer können Sie die Vorlage vergrößern oder verkleinern, ganz wie Sie es wünschen.

Schablonentechnik
Legen Sie eine durchsichtige, etwas festere Folie (z.B. von alten Plastikschnellheftern) auf den Vorlagenbogen. Mit einem wasserfesten Filzstift ziehen Sie sämtliche Linien nach. Wenn Sie jetzt das Motiv sorgfältig ausschneiden, entsteht eine Schablone, die Sie beliebig oft verwenden können. Die Schablone wird auf das Holz gelegt, der Umriß mit einem Bleistift umfahren und eventuell vorhandene Innenlinien werden eingezeichnet.

Direkte Übertragung
Wenn es einmal ganz schnell gehen soll, wählen Sie diese Methode. Legen Sie einen Bogen Graphitpapier und dann die Originalvorlage auf das Holz. Fahren Sie mit einem weichen Stift über alle Linien. Schon befindet sich das Motiv auf dem Holz. Bitte bedenken Sie: Die Vorlage ist nach mehrmaliger Anwendung dieser Technik unbrauchbar.

Innenteile heraussägen

Sie müssen aus der Mitte eines Motivs ein Teil heraussägen? Ganz einfach: Bohren Sie am Rand des herauszusägenden Stückes ein Loch. Lösen Sie an Ihrer Säge an einer Seite das Sägeblatt, stecken Sie es von unten nach oben durch das Loch und spannen Sie das Blatt danach wieder ein – schon können Sie das Teil heraussägen. Zum Schluß das Sägeblatt nochmals lösen und herausziehen.

Schleifen muß sein!

Die Körnung des Schleifpapiers bzw. des Schmirgelschwammes beeinflußt die Feinheit der Oberflächenstruktur. Schmirgeln Sie grundsätzlich in Richtung Sägekante, um ein Ausfransen der Kante zu vermeiden. Der letzte Feinschliff erfolgt immer in Richtung der Holzmaserung. Jedes der hier gezeigten Objekte muß vor dem Bemalen geschmirgelt werden, es sei denn, die Anleitung enthält einen anderen Hinweis.

Zeichenerklärung

An Stellen, die mit einem kleinen Kreis gekennzeichnet sind, bohren Sie ein Loch in das Holzobjekt. Gepunktete oder schraffierte Flächen werden herausgesägt (diese Flächen wurden nur bei unübersichtlichen Vorlagen gekennzeichnet). Gestrichelte Umrißlinien zeigen an, wo Teile an ausgesägte Objekte angesetzt werden müssen.

Tips und Tricks bevor es losgeht

Das immer wieder benötigte Zubehör (Grundausstattung) wird nicht jedes Mal wieder aufgeführt, es sei denn, spezielle Produkte machen diese Angaben erforderlich.

Die Grundarbeiten (siehe Seite 8) werden ebenfalls nicht immer wieder genannt.

Wenn nicht anders angegeben, werden Vorder- und Rückseiten gleich bemalt.

Geschenkanhänger und Baumschmuck

Kleine Laubsägearbeiten ganz groß:
Als Anhänger an Geschenken und am Weihnachtsbaum grüßen Weihnachtsmann, Engel, Lebkuchen und Co. Denken Sie daran, daß viele der Motive auch in doppelter Funktion auftreten können – warum sollten die schönen Geschenkanhänger nicht noch an Heiligabend einen Ehrenplatz am Weihnachtsbaum bekommen?

Baumschmuck

Wenn Sie Ihren Weihnachtsbaum mit eigenen Anhängern schmücken möchten, müssen Sie schon einige Wochen vor dem Fest mit dem Basteln beginnen.
Die gezeigten Modelle sollen Ihnen lediglich als Anregung und Muster dienen. In welchen Farben Sie den Schmuck gestalten, bleibt Ihrem Geschmack überlassen. Und mit einem Namen beschriftet (siehe Foto unten) wird jede der hier gezeigten Arbeiten zum liebevoll gestalteten Paketanhänger.

Nicht nur am Baum, sondern auch auf Geschenken sind diese Motive eine Augenweide.

Ein beschrifteter Paketanhänger hilft dem Christkind beim Geschenkeverteilen.

Das wird gebraucht

Für alle Modelle:
Grundausstattung, Bohrer, Holz in beliebiger Stärke
Für Apfel:
Goldglimmer, Bastelkleber, 15 cm Golddraht, 3 rote oder goldene Perlen (⌀ 6 mm)
Für Schaukelpferd:
4 Holzräder (⌀ 10 mm), Bastelkleber, Samtfaden, 2 Goldperlen (⌀ 4 mm)
Für Schnürstiefel:
Samtfaden in 2 verschiedenen Farben, 1 Holzperle (⌀ 10 mm), 2 Holzperlen (⌀ 4 mm)
Für Mond, Trompete, doppelten Baum, Häuschen, doppelten Mond, doppelten Stiefel und Engel:
Goldglimmer, Bastelkleber, je 15 cm Golddraht, je 2 Goldperlen (⌀ 6 – 8 mm)
Für Nikolauskopf:
15 cm Golddraht, 2 Goldperlen (⌀ 6 mm)
Für Schneemann:
15 cm Golddraht, 10 cm Samtfaden, 2 Goldperlen (⌀ 6 mm)

So wird's gemacht

Sägen, schmirgeln und bemalen Sie die Motive wie zu Beginn des Buches beschrieben. Zum Beschriften der Paketanhänger benutzen Sie einen wasserfesten Filzstift oder einen dünnen Pinsel und Bastelfarbe. Mit Pinsel geschriebene Namen sehen besser aus, mit Stiften geht es aber einfacher. Machen Sie zuvor einige Schriftproben auf Holzresten.

Teile, die mit Glimmer versehen werden sollen, zuerst mit Alleskleber bestreichen und dann den Glimmer daraufstreuen. Für das Aufhängeband bzw. den Draht bohren Sie ein kleines Loch an der markierten Stelle und ziehen Band oder Draht durch. Wenn Sie die Schlaufe durch eine kleine Perle ziehen, ist das nicht nur ein zusätzlicher Schmuck. Mit Hilfe der Perle können Sie auch die Schlaufengröße und damit den Sitz des Anhängers regulieren.

Schnittmuster siehe Vorlagenbogen Seite A

Weihnachtsäpfel

Leckere Äpfel gehören zu Weihnachten wie bunte Eier zu Ostern. Diese roten Dekoäpfel sind im Handumdrehen gebastelt. Und auch zu anderen Jahreszeiten sind sie, vielleicht ein wenig anders dekoriert, ein attraktiver Blickfang.

Das wird gebraucht

Holz in beliebiger Stärke
Schleifenband, 15 mm breit
Samtfaden
Bohrer

So wird's gemacht

Den ausgesägten, geschmirgelten und fertig bemalten Apfel am Stiel mit einem Loch versehen, den Samtfaden durchziehen und verknoten. Aus dem Schleifenband eine Schleife binden und diese mit einem dünnen Faden am Samtfaden befestigen. Der fertige Apfel ist ein verlockender Anblick, aber leider nicht zum Verzehr geeignet.

Schnittmuster siehe Vorlagenbogen Seite A

Bäumchen und Weihnachtsglöckchen

Wer seinen Weihnachtsbaum im Landhauslook schmücken möchte, sollte sich einen ganzen „Schwung“ dieser Anhänger basteln. Und mehrere Ringe untereinander aufgehängt ergeben einen ausgefallenen Fensterschmuck.

Das wird gebraucht

Holz, 4 mm dick
Holzringe, ∅ mindestens 7 cm
roten Samtfaden
rote Holzperlen, ∅ 10 mm
goldene Perle, ∅ 4 mm
Holzperle natur, ∅ 4 mm
rote Holzbeize
Bohrer
Bastelkleber

So wird's gemacht

Tauchen Sie die ausgesägten und geschmirgelten Teile in rote Beize. Das Bäumchen bekommt an der Spitze ein kleines Bohrloch, durch das Sie ein Stück Samtfaden ziehen. 3 bis 4 mm über der Baumspitze machen Sie einen festen Knoten. Zwischen die beiden Bandenden legen Sie den Holzring. Jetzt werden beide Fäden durch eine Holzperle gezogen und verknotet. Fertig!
Das Glöckchen wird im Prinzip genauso gearbeitet. Bei dem Glöckchen machen Sie jedoch keinen Knoten, statt dessen fädeln Sie eine Naturholzperle auf. Als „Klöppel“ kleben Sie die Goldperle an.

Schnittmuster siehe Vorlagenbogen Seite A

Das Innere des Ringes kann mit vielen (verkleinerten) Motiven dieses Buches geschmückt werden.

Bunte Weihnachtsanhänger

So lustig und bunt können Anhänger auch sein. Und bei der Bemalung sind Ihrer Fantasie wie immer keine Grenzen gesetzt.

Das wird gebraucht

Sperrholz oder Massivholz, 5 mm dick
Plakatfarbe
Glanzlackspray
Aufhängefaden

Schnittmuster siehe Vorlagenbogen Seite A

So wird's gemacht

Alle Anhänger schmirgeln, mit Bohrung für den Aufhängefaden versehen und anschließend weiß grundieren. Die Linien für die Bemalung auf beide Seiten übertragen. Diese kunstvolle Bemalung ist natürlich nur ein Vorschlag. Orientieren Sie sich entweder an den Abbildungen oder wählen Sie eine flächige Gestaltung (z.B. durch verschiedene Beizen), die genauso hübsch aussehen kann. Eine ganz andere Wirkung erzielen Sie mit einer Bemalung in Weiß, Gold und Terracotta (siehe „Blumenstecker“ Seite 26). Nach der Bemalung lackieren Sie die Anhänger mit Glanzlack.

Weihnachts-zauber im ganzen Haus

Nicht nur Päckchen und Weihnachtsbaum laden zum Schmücken ein. Im ganzen Haus gibt es Möglichkeiten, die Advents- und Weihnachtszeit mit stimmungsvollen Laubsägearbeiten zu verschönen. Gerade die Kleinen werden von den lustigen Enten begeistert sein – und den Großen gefallen sicher nicht nur die edlen Blumenstecker in Braun und Gold.

Tom und Tilly

Tom und Tilly, zwei witzige Enten, lieben den Winter. Und alle Kinder lieben Tom und Tilly. Eine lustige Dekoration in der kalten Jahreszeit!

Das wird gebraucht

Holz, 4 mm dick
Filz
Samtfaden
Holzleim
einige weiße Perlen

So wird's gemacht

Wenn die Bemalung trocken ist, kleben Sie die Schlittschuhe bzw. den Schlitten an die Gans. Aus einem Streifen Filz ensteht der Schal für Tom und Tilly. Jetzt noch den Samtfaden und die Perlen anbringen, fertig ist die Wintersportgesellschaft.

Schnittmuster siehe Vorlagenbogen Seite B

Dekoratives zum Advent

Das kleine Schneemannkind paßt gut in einen Blumenstock oder Balkonkasten, der mit Tannenzweigen und einer Lichterkette geschmückt ist. Und auch die Sterne dürfen, wenn Sie Massivholz verwenden, nach draußen. Und die Holzkerzen lassen sich überall dort aufstellen, wo echte brennende Kerzen zu gefährlich sind.

Das wird gebraucht

Für Weihnachtswichtel:
Holz in beliebiger Stärke, Schaschlikspieß als Stab
Für Schneemannkind:
Massivholz (20 mm stark), Rundholz (∅ 6 mm) als Stab
Für Engel:
Holz in beliebiger Stärke
Für Kerzen:
Rundhölzer mit verschiedenem Durchmesser, Schaschlikspieße
Für Sterne:
Holz in beliebiger Stärke, Rundholz passend zur Holzstärke

So wird's gemacht

Weihnachtswichtel, Schneemannkind und Engel nach Vorlage aussägen und bemalen. Wenn Sie die Motive stecken möchten, bohren Sie für die jeweiligen Haltestäbe ein passendes Loch und kleben sie mit Holzleim ein.
Für die Kerzen die Rundhölzer in unterschiedlich lange Stücke zersägen. Die eine Seite wird dabei gerade, die andere ein wenig schräg zulaufend gesägt. Bohren Sie in die obere und untere Schnittfläche ein 3 mm großes Loch. In die gerade Fläche kleben Sie einen langen Schaschlikspieß als Haltestab ein und in die schräge einen ganz kurzen als „Docht".
Aus einem 6 mm dicken Sperrholzrest sägen Sie tropfenförmige Stücke heraus, die „Kerzenflammen". Die Flamme bekommt ebenfalls ein Bohrloch und wird dann auf den „Docht" gesteckt. Den Haltestab bemalen Sie rot oder grün, die Kerze rot, den Docht schwarz und die Flamme gelb. Auf die noch nasse gelbe Farbe streuen Sie ein wenig Glimmer.

Schnittmuster siehe Vorlagenbogen Seite A und B

Stille Nacht

Für dieses filigrane Winterbild – farbig oder naturbelassen – brauchen Sie etwas Zeit, Ruhe und einige Säge-Erfahrung. Sie müssen Ihre Säge nämlich gut im Griff und viel Gefühl beim Sägen haben, da es bei dieser Arbeit auf den Millimeter ankommt.

Das wird gebraucht

Holz, 4 mm dick
1 Holzperle, ∅ 14 mm (natur oder gold)
Gold- und Perlmuttglimmer
Glitzerband
Holzleim

So wird's gemacht

Auf Seite 9 haben Sie erfahren, wie Innenteile herausgesägt werden. Sobald Sie das Sägeblatt wieder fest eingespannt haben, sägen sie zuerst die Bäume, Häuser, Zäune usw. aus. Beginnen Sie nicht mit dem Bogen. Dadurch würde die dünne Holzplatte einen großen Teil ihrer Stabilität verlieren. Das Interessante an diesem Motiv: Das gesamte Innenteil wird mit einem einzigen, durchgehenden Schnitt herausgearbeitet.
Ob Sie die Winterlandschaft nun noch farblich und mit Glimmer gestalten oder das Holz belassen, wie es ist, ist Geschmackssache. Zum Schluß bohren Sie noch das Loch für das Aufhängeband und ziehen das Glitzerband (oder eine einfache Schnur) durch. Gold- oder Holzperle aufziehen, verknoten, fertig ist ein kleines Kunstwerk.

Schnittmuster siehe Vorlagenbogen Seite B

Herr und Frau Schneemann

TIP

Das Schneemannpärchen ist leicht und schnell zu basteln. Wie wäre es daher, wenn Sie ihm noch ein paar Schneemannkinder zugesellen würden? Die Vorlage für ein Schneemannkind finden Sie auf dem Vorlagenbogen Seite B, die Beschreibung unter „Dekoratives zum Advent" auf Seite 21.

In vielen Gegenden gibt es oft so wenig Schnee, daß sich daraus kein stattlicher Schneemann bauen läßt. Wenn es Ihnen auch so geht, dann sind diese zwei lustigen Gesellen genau die richtige Lösung, wenn Sie Ihre Kinder mit einem Schneemann im Garten (oder zu Hause) erfreuen wollen.

Das wird gebraucht

Massivholz, 20 mm dick
wetterfester Acryl-Lack
Bohrmaschine mit 8 mm-Bohrer
Rundholz, Ø 8 mm

So wird's gemacht

Aufzeichnen, sägen, bemalen und lackieren sind im Nu erledigt. Lediglich noch das Loch für den Haltestab in die untere Kante bohren, den Stab einleimen, und schon ist ein Schneemann geboren, der niemals weint, wenn die Sonne lacht.

Schnittmuster siehe Vorlagenbogen Seite B

Nußkranz

Holz und andere Naturmaterialien (Trockenblumen, Stroh, Nüsse) ergänzen sich fast immer perfekt. So auch bei diesem ausgefallenen Kranz. Die Herstellung ist einfach, aber zeitraubend. Wenn Sie künstliche Tannenzweige verwenden, hält der Kranz ewig.

Das wird gebraucht

Holz, 4 mm dick
Goldglimmer
Bastelkleber
4 Goldperlen
Bohrer
Goldzwirn
Styroporkranz
Goldkordel
Stoffband, 1 m lang, 80 mm breit
Zimtstange
2 kleine künstliche Äpfel
1 getrocknete Apfelsinenscheibe
1 rote Weihnachtskugel
Blumenkreppband
Heißklebepistole
Nüsse aller Art

So wird's gemacht

Umwickeln Sie den Styroporkranz mit Blumenkrepp. Danach werden die Nüsse mit Heißkleber auf den Kranz geklebt. Achtung! Wenig Kleber nehmen, sonst schmilzt das Styropor. Sind keine Lücken mehr zu sehen? Dann schlingen Sie die Goldkordel um den Kranz und bringen, ebenfalls mit Heißkleber, die Tanne, die Dekoteile und die Schleife an.

Schnittmuster siehe
Vorlagenbogen Seite A

Sägen Sie die Holzanhänger nach Vorlage aus. Tupfen Sie kleine Kleberpunkte darauf und streuen Sie sofort Glimmer darüber.
In jedes Teil ein Loch bohren, ein Stück Goldzwirn durchziehen, eine Perle auffädeln und die Anhänger an den Kranz hängen. Den Kranz an der Goldkordel aufhängen (siehe Foto).

Blumenstecker

Diese Steckfiguren wirken gerade durch die sparsame Farbgebung – sie können jedoch auch bunt (wie die „Bunten Weihnachtsanhänger“ Seite 16) bemalt werden. Besonders gut wirken sie vor dunklem Blatt- oder Tannengrün.

Schnittmuster siehe Vorlagenbogen Seite A

Das wird gebraucht

Sperrholz, 10 mm dick
10 Rundhölzer, ⌀ 5 mm
Goldlackspray
Mattlackspray
Plakatfarbe in Weiß, Orange, Braun, Gold
Satinband in Weiß, 8 m

So wird's gemacht

Schmirgeln Sie die Figuren und versehen Sie diese an den markierten Stellen mit einer Bohrung von 5 mm Durchmesser. Übertragen Sie die Zeichnung auf beide Seiten. Mischen Sie einen Terracotta-Ton aus Orange, Braun und etwas Weiß und beginnen Sie mit der Bemalung. Hier ist keine Grundierung nötig, lassen Sie den Holzton, ganz nach Ihrem persönlichen Geschmack, an einigen Stellen stehen (z.B. Gesichter).
Vor dem Ineinanderstecken werden die Rundstäbe mit Goldspray lackiert, die bemalten Stecker mit Mattlack besprüht. Eine weiße Satinschleife um jeden Rundstab gebunden unterstreicht die edle Note.

Edel und feierlich wirkt die glänzende Verbindung aus Satin und Gold

Weihnachtsstern

Schnittmuster siehe Vorlagenbogen Seite B

Laden Sie doch im Advent einmal zu einer gemütlichen Kaffeetafel ein. Ein paar Tannenzweige in einer Vase, für jeden Gast einen „Weihnachtsstern" neben dem Gedeck und dazu vielleicht noch die Schale von Seite 59 gefüllt mit Nüssen und Keksen. Ihre Gäste werden bestimmt so schnell nicht wieder aufbrechen!
Und wenn Sie statt der Kerze ein Teelicht mit doppelseitigem Klebeband auf dem Stern befestigen, ist das ganze Objekt zudem noch „kindersicher".

Das wird gebraucht

Holz, 20 mm dick
rote Holzbeize
Holzreste beliebiger Stärke (für Bäume und Schneemann)
1 Kerzentülle mit Metalleinsatz
1 Weihnachtsbaumkerze
1 kleiner künstlicher Tannenzweig
schmales goldenes Band, 50 cm
Heißklebepistole
Holzleim
1 Wachsklebeplättchen

So wird's gemacht

Wenn Sie alle Säge- und Schleifarbeiten erledigt haben, beizen Sie den Stern rot. Die Bäume und Figuren werden mit Bastelfarbe bemalt. Danach werden alle Teile mit Holzleim auf den Stern geklebt. Die Kerzentülle nicht vergessen. Die Tanne läßt sich besser mit der Klebepistole befestigen. Ebenso die gebundene goldene Schleife. Die Kerze hält am sichersten mit einem Wachsklebeplättchen.

TIP

Basteln Sie mehrere schlicht rot gebeizte Sterne. Bohren Sie in die schmale Kante ein Loch von 6 mm Durchmesser. Dort stecken Sie ein passendes, rot gebeiztes Rundholz hinein. Eine alte Zinkkanne, ein hübscher Kübel oder ein anderes Gefäß mit Sand und verschiedenen Koniferenzweigen füllen und die Sterne dazustecken. Schlicht und einfach, aber ungemein wirkungsvoll. Soll das Gesteck draußen stehen, verwenden Sie für die Sterne Massivholz und behandeln sie mit Lasur oder Klarlack.

Tweety, die Weihnachtsgans

Weihnachten ohne Gänsebraten – für unsere Familie undenkbar. Wer jedoch Geflügel lieber anschauen als essen mag, der findet an der frechen Gans mit ihrer Mütze bestimmt Gefallen.

Das wird gebraucht

Holz, 20 mm dick (bzw. 4 mm dick als Baumschmuck)

So wird's gemacht

Tweety ist einfach und schnell gemacht: Vorlage übertragen, Motiv aussägen, schmirgeln und bemalen – schon ist die Weihnachtsgans fertig! Wolllen Sie die kleine Gans als Baumschmuck nutzen, müssen Sie nur noch ein Loch bohren und einen Faden oder ein Band als Aufhänger anbringen.

TIP

Auf dem Vorlagenbogen finden Sie das Gänsemotiv zusätzlich in ca. 5 cm Größe vor. In dieser Form eignet es sich vorzüglich als Baumschmuck oder Geschenkanhänger.

Schnittmuster siehe Vorlagenbogen Seite B

Adventskalender „Hexenhäuschen“

Was wäre die Vorweihnachtszeit ohne einen Adventskalender! Dieser liebevoll gestaltete Kalender macht das Warten zum Vergnügen. Und: Er kann jedes Jahr wieder gefüllt und verwendet werden.

Hinter den Abdeckplättchen verbergen sich die Geschenke.

Die Abstandshölzchen in dieser Weise auf dem Adventskalender festleimen.

Das wird gebraucht

Sperrholzplatte, 10 mm dick, 650 x 400 mm (Haus)
Sperrholzplatte 10 mm dick, 700 x 300 mm (Grundplatte)
Massiv- oder Sperrholz, 5 mm dick (Abdeckplättchen und Abstandshölzer)
Plakafarbe
Mattlack
Bastelkleber

So wird's gemacht

Alle Teile aussägen, schleifen und weiß grundieren. Die Linien einseitig auf das Holz übertragen. Dann bemalen Sie das Haus und die Einzelteile.
Vor dem Zusammenkleben wird alles mit Mattlack besprüht. Die Abstandshölzer bleiben unbehandelt. Die Abdeckplättchen wie Kekse, Zäune usw., hinter die Sie dann die Geschenke schieben, werden mit Abstandshölzern in U-Form hinterklebt.

Die Maße der Hölzchen:

Hänsel und Gretel: 20 x 25 mm (zweimal), 120 x 20 mm (zweimal)
Zäune: 25 x 30 mm (viermal), 140 x 25 mm (zweimal)
Fensterläden: 10 x 30 mm (zwölfmal)
Baum: 20 x 25 mm (zweimal), 44 x 20 mm (einmal)
Kekse: 20 x 25 mm (achtmal), 44 x 20 mm (viermal)
Lebkuchen: 10 x 30 mm (sechsmal)
Brezel: 20 x 25 mm (viermal), 44 x 20 mm (zweimal)
Törtchen: 20 x 25 mm (zweimal), 44 x 20 mm (einmal)
Wolke: 20 x 25 mm (zweimal), 120 x 20 mm (einmal)

Wie die Abstandshölzer auf dem Haus verteilt werden, sehen Sie auf Seite 32 links unten. Achten Sie auf genügend Abstand. Kleben Sie die Abstandsrähmchen für die Zäune mit der unteren Kante des Hauses bündig auf. So erreichen Sie eine genügend große Standfestigkeit des Hexenhauses auf der Bodenplatte.

Die Vorlage für die Bodenplatte erhalten Sie durch Vergrößern der Zaunvorlage um zweimal 200 %. In der Tiefe kann die Vorlage dann nach Belieben gekürzt werden.
Wenn Sie das Knusperhäuschen wie ein Bild an die Wand hängen, können Sie natürlich auf die Bodenplatte verzichten.

Schnittmuster siehe Vorlagenbogen Seite B

Hier zappelt, bimmelt, dreht sich was!

Weihnachtsschmuck ist – gerade für Kinder – dann besonders schön, wenn er nicht nur einfach so als Dekoration aufgehängt wird, sondern wenn er sich auch noch bewegt oder man sogar damit spielen kann. Die hier gezeigten Hampelmänner und beweglichen Objekte laden dazu ein. Und wenn dann noch ein Glöckchen klingelt oder der Schneemann mit seinen Augen rollt, kennt die (Weihnachts-)Freude keine Grenzen mehr!

Sternenleuchter

Egal, ob im freien Raum oder über dem Eßtisch – dieses Kerzen-Sterne-Mobile verbreitet immer eine gemütliche Atmosphäre und Vorfreude auf das Fest. Es ist einfach zu bauen, muß jedoch sehr genau gearbeitet werden.

Schnittmuster siehe Vorlagenbogen Seite B

Das wird gebraucht

Holz, 10 mm dick
grüner Samtfaden
rote und grüne Holzperlen (beliebig viele und beliebig groß)
2 Kerzentüllen aus Holz mit Metalleinsatz
roter Zwirn
2 Weihnachtsbaumkerzen
2 Wachsklebeplättchen
Holzleim, Pinzette, Bohrer

So wird's gemacht

Nach den Grundarbeiten geht's an den Zusammenbau. Kleben Sie zuerst das Teil mit dem ausgesägten Schlitz auf den Innenkreis des großen Sterns. Achten Sie dabei unbedingt darauf, daß eine Sternspitze (vom großen Stern) genau senkrecht nach oben, und die gegenüberliegende Spitze genau senkrecht nach unten zeigt. Andernfalls hängt Ihr Mobile später unweigerlich schief.
Um die einzelnen kleinen Sterne, wie auf dem Foto ersichtlich, anhängen zu können, bohren Sie kleine Löcher, durch die Sie einen Zwirn ziehen. Darauf werden die Holzperlen gefädelt. Dann den Faden in dem darüberbefindlichen Stern verknoten. Auf die Enden des in den Stern geklebten Teils kleben Sie je einen kleinen Stern. Wiederum auf exakt gleiche Plazierung achten, um das Gleichgewicht zu wahren. Genau in die Mitte dieser beiden Sterne setzen Sie je eine Kerzentülle. Mit Hilfe der Wachsklebeplättchen lassen sich die Kerzen ganz einfach darin befestigen. Fassen Sie jetzt mit der Pinzette die obere Spitze des großen Sterns. Lassen Sie das Mobile frei hängen. Durch millimeterweises Versetzen der Pinzette können Sie ganz exakt den Schwerpunkt herausfinden. Dadurch lassen sich auch kleine Ungenauigkeiten während des Zusammenbaus ausgleichen. Genau im Schwerpunkt bohren Sie ein Loch, ziehen einen Samtfaden hindurch und verknoten ihn.

Der Weihnachtsmann sieht alles ...

... vor ihm läßt sich nichts verbergen. Er hat seine Augen einfach überall. Wenn Sie diese Geschichte Ihren Jüngsten erzählen und den Weihnachtsmann dort aufhängen, wo Sie ihre Geschenke versteckt halten, dann sind sie vor neugierigen Blicken so gut wie sicher!

Schnittmuster siehe Vorlagenbogen Seite B

Das wird gebraucht

Holz, 4 mm dick
Holzleim
reißfester Zwirn
10 Holzperlen, ∅ 6 mm
weißer Samtfaden

So wird's gemacht

Bevor Sie den Weihnachtsmann zusammenkleben bzw. -bauen, müssen alle Teile bemalt sein. Kleben Sie dann Augen, Augenbrauen, Nase und Schnurrbart auf beide Seiten der Gesichtsgrundplatte auf. Mit dem Zwirn und den darauf aufgefädelten Perlen verbinden Sie Bart und Gesicht sowie Gesicht und Mütze. Jetzt noch den Samtfaden durch das Bohrloch in der Mütze ziehen, in gleichmäßigen Abständen Knoten machen und jeweils zwei Perlen darauf fädeln. Schon kann der Weihnachtsmann seine verantwortungsvolle Aufgabe übernehmen.

TIP

Durch Verschieben der Gesichtsteile in Höhe und Breite läßt sich der Gesichtsausdruck wesentlich verändern.

Schneemann Moppy

So richtig winterlich drall wirkt Moppy, wenn Sie ihn mit dickem Holz arbeiten.

Ist er nicht drollig, dieser pummelige, knuddelige Schneemann? Für ihn können Sie Holz in beliebiger Stärke benutzen. Aber so richtig „knuffig“ wirkt er erst in dickem, ca. 20 mm starkem Material. Auf dem Foto rechts sehen Sie den gleichen Schneemann etwas abgewandelt. Anstatt Augen und Knöpfe aufzumalen, wurden Halbkugeln aus Holz schwarz bemalt und aufgeklebt.
Lassen Sie sich von der etwas verwirrenden Beschreibung übrigens nicht vom Basteln abbringen – wenn Sie Moppy direkt vor sich haben, ist alles ganz einfach!

Das wird gebraucht

Holz in beliebiger Stärke
reißfester Zwirn
1 Holzperle, ∅ 14 mm
1 Holzperle, ∅ 12 mm
3 Holzperlen, ∅ 8 mm
weißer Samtfaden
2 Holzkugeln, ∅ 35 mm
2 Holzkugeln, ∅ 50 mm
8 Holzperlen (Maße siehe Anleitung)
4 Schraubösen, ∅ 5 mm
Bohrer

So wird's gemacht

Alle Teile müssen sehr sorgfältig ausgesägt werden, damit der Schneemann nachher auch wirklich gerade hängt. Nach dem Bemalen bohren Sie in Kopf und Körper die notwendigen Löcher. Um beide Teile miteinander zu verbinden, ziehen Sie einen reißfesten Faden durch den Körper, fädeln die 14 mm-Perle auf und verknoten den Faden am Kopf. Verfahren Sie mit Kopf und Hut ebenso. Durch das Bohrloch im Hut ziehen Sie den Samtfaden. Verknoten Sie in gleichmäßigen Abständen den Faden und schieben Sie jeweils eine 8 mm-Perle darauf. Die großen Kugeln sollen Moppys Hände und Füße darstellen.

Vorbereitung der großen Holzkugeln: Die Bohrlöcher in den Kugeln sind leider nicht immer gleich groß. Da Sie aber für jede dicke Kugel zwei kleine Holzperlen benötigen, die genau in die Bohrlöcher passen (sie müssen fest darin stecken), können für die kleinen Perlen keine Maßangaben gemacht werden. In diesem Fall gilt das Sprichwort: Probieren geht über studieren.
Danach ziehen Sie durch eine der Perlen ein etwa 20 cm langes Stück des reißfesten Zwirns. Die Fadenenden ziehen Sie durch das Bohrloch der großen Kugel. Auf diese Weise ziehen Sie die kleine Perle direkt bis vor das Loch, um sie dann so weit hineinzudrücken wie es geht. Auf die aus dem Bohrloch herausschauenden Fäden schieben Sie ebenfalls eine Perle und drücken sie fest in das Loch. Verfahren Sie mit den restlichen drei Holzkugeln und Perlen ebenso.
Um nun exakt weiterarbeiten zu können, müssen Sie Moppy erst einmal an dem Samtfaden aufhängen. Halten Sie dann eine 50 mm-Kugel so vor den „Fuß“-Ausschnitt, daß sie ringsherum einige Millimeter Spielraum hat. Markieren Sie die gefundene Stelle und drehen Sie genau an diesem Punkt eine Schrauböse in die schmale Innenkante des Fußausschnitts.
Wiederholen Sie diesen Arbeitsgang mit den übrigen Kugeln. Danach müssen Sie Moppys Hände und Füße nur noch in die Ösen knoten. Na, das war doch alles gar nicht so schwer, oder?

Noch ein wenig pfiffiger schaut Moppy mit Halbkugelaugen und -knöpfen in die Welt.

Schnittmuster siehe Vorlagenbogen Seite B

Weihnachtsringe

Diese Ringe lassen sich vielseitig verwenden. Einzeln aufgehängt schmücken Sie z.B. Ihren Weihnachtsbaum, mehrere untereinander dagegen das Fenster. Oder Sie arbeiten ein Mobile daraus. Die aufsteigende Wärme brennender Kerzen vesetzt es in Bewegung.

TIP

Einige Motive, beispielsweise der Schneemann, das Engelchen und der Doppelstiefel von Seite 12 passen ebenfalls in die Pfeifenputzerringe.

Das wird gebraucht

Holz, 4 mm dick
grüner Samtfaden
5 weiße Holzperlen, ∅ 10 mm
2 weiße Holzperlen, ∅ 14 mm
einige Goldperlen, ∅ 3 mm
rote Pfeifenputzer
Sekundenkleber
Bohrer

So wird's gemacht

Legen Sie den Pfeifenputzer zu einem Ring von 10 cm Durchmesser. Das überstehende Stück wird abgeschnitten. Die beiden Enden stecken Sie in die 14 mm-Perle und fixieren sie mit Sekundenkleber. Durch das Bohrloch im Schneemann ziehen Sie einen Samtfaden beliebiger Länge. Legen sie den Faden doppelt. Etwa 1 cm über dem Schneemann verknoten Sie ihn.
Zwischen die beiden Fäden legen Sie den Pfeifenputzerring und zwar so, daß die Perle unten hängt. Schieben Sie über beide Samtfäden eine 8 mm-Perle. Ungefähr 3 cm über der Perle die Fäden wieder verknoten, über beide Fäden eine Perle schieben usw. Zum Schluß machen Sie nur noch einen Knoten.
Der Ring mit dem Bäumchen und weitere Ringe werden genauso gearbeitet. Einziger Unterschied: Der unterste Ring wird mit einem Samtfaden im Abstand von 3 bis 4 cm an den oberen Ring geknotet. In das Bäumchen bohren Sie mehrere Löcher von 3 mm Durchmesser. Geben Sie in jedes Loch einen Tropfen Sekundenkleber und eine kleine Goldperle.

Schnittmuster siehe Vorlagenbogen Seite B

Tanz der kleinen Weihnachtswichtel

Beim Zusammenbau der Mobiles sollten Sie immer mit dem untersten Teil anfangen. Dadurch vermeiden Sie, daß die Tragarme und Motive später aneinanderstoßen. Machen Sie sich eine Zeichnung, wie Ihr Mobile ungefähr aussehen soll. So erkennen Sie genau, wie viele Tragarme und Motive Sie insgesamt basteln müssen. Der abgebildete Vorschlag soll Ihnen dabei nur ein bißchen behilflich sein. Wichtig: Genaue Maßangaben lassen sich bei einem Mobile kaum machen. Alles muß immer wieder angehalten, ausbalanciert und abgemessen werden. Schon winzige Gewichtsunterschiede können große Auswirkungen haben.

Das wird gebraucht

Holz, 4 mm dick
Schaschlikspieße
5 Messingglöckchen beliebiger Größe
1 Messingglocke, ∅ 30 mm
weißen Samtfaden
25 weiße Holzperlen, ∅ 6 mm
5 weiße Holzperlen, ∅ 12 mm
50 cm rotes Geschenkband, 10 mm breit
Bohrer
Zwirn
Sekundenkleber

So wird's gemacht

Knoten Sie mit Hilfe des Zwirns jedem Wichtel ein Glöckchen an die Hand und ein längeres Stück Samtfaden an die Mütze. Alle Samtfäden erhalten in regelmäßigen Abständen Knoten, auf die jeweils eine kleine Perle geschoben wird. Nehmen Sie einen Schaschlikspieß zur Hand und befestigen Sie je einen Wichtel rechts, links und in der Mitte am Stab. Achten Sie dabei auf unterschiedliche Länge des Samtfadens. Richten Sie die Abstände zwischen den Wichteln durch Verschieben aus. Ist der Holzspieß zu lang, kürzen Sie ihn ein wenig und stecken auf jedes Ende eine 12 mm-Perle. Die übrigen zwei Wichtel werden untereinandergehängt und dann an einer Seite eines weiteren Schaschlikspießes angeknotet. An der anderen Seite befestigen Sie einen Samtfaden, an dessen Ende der Stab mit den drei Wichteln gehängt wird. Die Breite des Stabes und die Länge des Bandes müssen Sie ausprobieren. Überschüsse abschneiden und die Perlen auf den Spieß stecken.
Nun müssen Sie noch die große Glocke am oberen Stab anhängen, mit einer Schleife aus Geschenkband verzieren und den Aufhängefaden anbringen. Hängen Sie das Mobile so auf, daß es sich frei bewegen kann. Durch Verschieben der Fäden balancieren sie es aus. Wenn alles richtig hängt, werden die gefundenen Positionen mit Sekundenkleber fixiert.

TIP

Mobiles sind übrigens nicht nur etwas für Kinder. Dicke, große Holzkugeln, schlichte Quadrate, bogenförmige Motive oder andere einfache Formen passen in jede modern eingerichtete Wohnung. Probieren Sie es aus!

Schnittmuster siehe Vorlagenbogen Seite B

Hampelfiguren

Wirkt der Weihnachtsmann nicht gleich viel freundlicher, wenn er als Hampelmann auftritt? Und das stolze Pferd und der zähnezeigende Nußknacker – sie gehören natürlich auch zu Weihnachten.

Das wird gebraucht

Sperrholz, 5 mm und 2 mm dick
Rundholz, ∅ 3 mm
Plakatfarben
2 Zylinderschrauben M3 x 16 und passende Muttern M3 (für Nußknacker)
Perlenseide
1 Perle mit großem Loch (pro Figur eine)
Holzleim
Bastelkleber
Klarlack
Stoffband zum Aufhängen

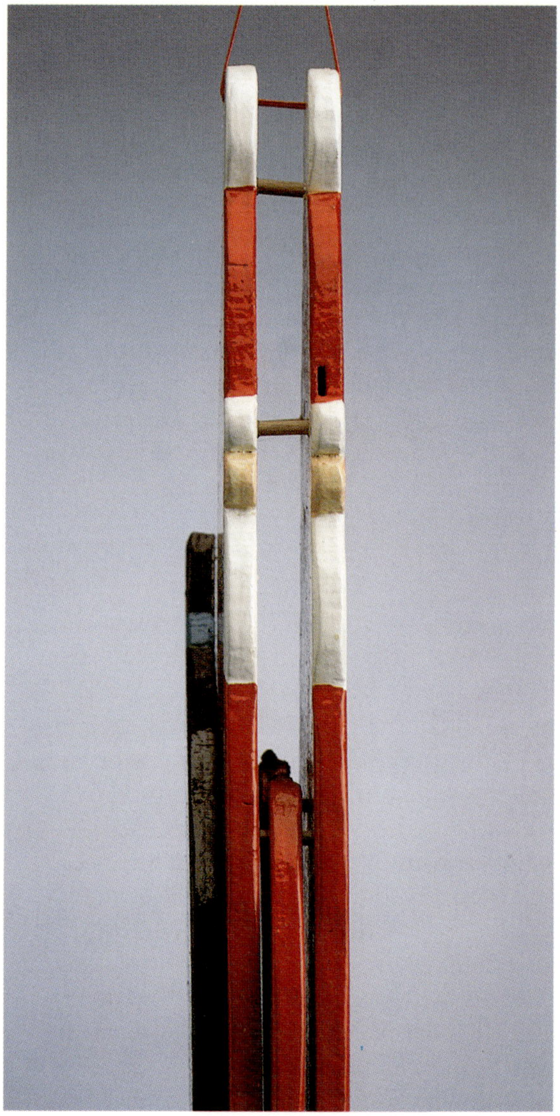

So sehen die verbundenen Hälften der Hampelfigur aus.

TIP

Wenn Sie die Figur ins Fenster hängen wollen, kann sie auch vorne und hinten mit einem Gesicht bemalt werden.

Schnittmuster siehe Vorlagenbogen Seite B

Schnittmuster siehe Vorlagenbogen Seite B

So wird's gemacht

Wie die Abbildungen zeigen, sind alle Hampelfiguren doppelt, d.h. sie haben eine Vorder- und eine Rückseite. Diese beiden Hälften müssen am Ende fest miteinander verbunden werden (siehe Foto Seite 40 rechts unten). Daher versehen Sie die Vorder- und die Rückseite der Figuren nach dem Aussägen mit allen Bohrungen, auch denen, die auf dem Vorlagenbogen als schwarze Punke zu sehen sind. Diese Bohrungen gehen nicht ganz durch das Material, sondern nur 3 mm tief. Alle Teile bemalen und lackieren – am besten mit zwei Schichten Lack. Hampelmänner werden in der Regel mechanisch sehr beansprucht. Es empfiehlt sich daher, auch die Innenseiten der Figuren zu lackieren, dann hinterläßt das Hampeln weniger Spuren auf den Gliedmaßen.
Schneiden Sie von dem Rundholz 1,5 cm lange Stücke ab. In jedes der nicht ganz durchgebohrten Löcher leimen Sie eines dieser Stücke. Knoten Sie die Perlseide an die Gliedmaßen (siehe Abb. unten) und gehen Sie dabei sicher, daß sich diese Knoten nicht wieder öffnen

Diese Schemazeichnung zeigt, wie die Fäden verknotet werden.

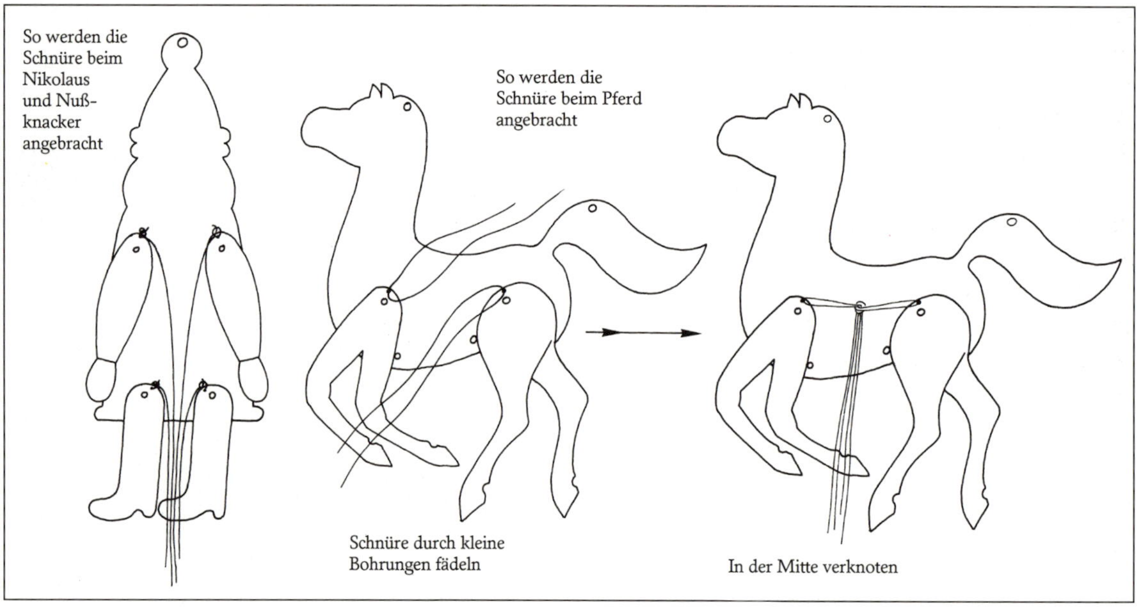

(mit einem Tropfen Alleskleber fixieren). Ist die Hampelfigur erst einmal vollends zusammengeleimt, können Sie losgelöste Fäden nicht wieder anbringen. Hängen Sie die Gliedmaßen an die eingeleimten Rundhölzchen und leimen Sie die zweite Körperhälfte auf.
Beim Nußknacker befestigen Sie nun mit den Zylinderschrauben die Stiefel an den Oberschenkeln. Ziehen Sie die Muttern nicht zu fest an, damit sich der Stiefel noch frei bewegen kann. Dann die Mutter mit einem Tropfen Alleskleber fixieren. An die unten aus den Hampelfiguren heraushängenden Fäden knoten Sie eine Perle. Beim Nikolaus kleben Sie jetzt noch den Sack auf.

Ob Vorder- oder Rückseite – die Hampelfiguren sind immer gleich schön bemalt.

Glockenspiel

Dieses Glockenspiel ist einfach zauberhaft. In der Nähe einer oft benutzten Tür aufgehängt ertönt ein zarter Glockenklang. Und im Schein einer Kerze glitzern und funkeln die Goldperlen und Sternchen um die Wette.

Das wird gebraucht

Holz, 4 mm dick
Goldzwirn
42 Goldperlen, ∅ 4 mm
6 Goldperlen, ∅ 5 mm
4 Goldperlen, ∅ 8 mm
goldenes Glitzerband
Bastelkleber
Goldglimmer
1 Glocke, ∅ 28 mm
2 Glocken, ∅ 22 mm
2 Glocken, ∅ 18 mm
4 Glocken, ∅ 14 mm
2 Glocken, ∅ 10 mm
Bohrer

So wird's gemacht

Nach Erledigung aller Grundarbeiten tupfen Sie auf die Mütze des Weihnachtswichtels und auf den Glockenträger (grünes Teil) kleine Kleberpunkte. Streuen Sie sofort Goldglimmer darüber. Der Überschuß wird vorsichtig abgepinselt.
Bohren Sie an allen gekennzeichneten Stellen kleine Löcher. Nehmen Sie ein etwa 40 cm langes Stück Goldzwirn und legen Sie den Faden doppelt. Ziehen Sie jetzt auf einen Faden das größte Glöckchen. Über beide Fäden schieben Sie eine 8 mm-Perle. *Etwa 4 cm hinter der Perle verknoten Sie die Fäden. Nun können Sie auf jeden Faden eine 4 mm-Perle schieben. Diesen Vorgang ab * noch zweimal wiederholen. Danach knoten Sie den Glocken-Perlenstrang in das mittlere Loch des Glockenträgers. Fertigen Sie noch 6 weitere Glockenstränge wie beschrieben. Achten Sie darauf, die Stränge immer etwas kürzer und die Glöckchen nach außen hin kleiner werden zu lassen.
Der Wichtel bekommt an jeden Fuß eine 8 mm-Perle und ein 14 mm-Glöckchen. Durch das Loch in der Zipfelmütze ziehen Sie ein ca. 30 cm langes Stück Goldzwirn. Legen Sie den Zwirn zur Hälfte und ziehen Sie über jeden Faden ein 10 mm-Glöckchen, danach beide Fäden durch eine 8 mm-Perle. Legen Sie den kleinen Wicht jetzt einen Moment zur Seite. Von dem goldenen Glitzerband nehmen Sie ein ca. 80 cm langes Stück und knoten je ein Ende in die seitlichen Löcher des Glockenträgers. Legen Sie das fertig angeknotete Glitzerband über Ihren Zeigefinger. Durch Verschieben des Fadens läßt sich der Glockenträger genau waagerecht ausrichten, damit Sie dann, etwa 5 cm unterhalb Ihres Fingers, einen Knoten in das Band machen können. So entsteht eine Schlaufe zum Aufhängen. Nehmen Sie nun den kleinen Wicht zur Hand und befestigen Sie die Goldzwirnenden in der entstandenen Schlaufe.

Schnittmuster siehe Vorlagenbogen Seite B

Krippe, Krippe, Weihnachts-krippe

Ein Weihnachtsfest ohne Krippe? Für die meisten kaum vorstellbar. Vor allem die Kinder sind mit Feuereifer dabei, wenn das Geschehen zu Bethlehem jedes Jahr wieder unter dem Weihnachtsbaum aufgebaut wird. Und wieviel mehr Freude macht es erst, wenn Krippe und Krippenfiguren in eigener Handarbeit entstanden sind.

Rustikale Weihnachtskrippe

Diese schlichte Krippe kann vielfältig gestaltet werden. Das Dach läßt sich zum Beispiel auf unterschiedliche Art und Weise bauen: Tannenzweige, Rindenstücke vom Baum oder ineinander verflochtene dünne Zweige sind nur einige Möglichkeiten. Zusätzlich können noch trockene Flechten, dünne Moosplatten und Sprühschnee aus der Dose angebracht werden. Und auch die Bodenplatte bietet viel Raum für kreative Ideen. Sie können sie mit Stroh belegen, Schnee aufsprühen oder streuen oder einen Waldboden mit Erde, Moos und Blättern darstellen. Fangen Sie einfach an, dann kommen die Ideen!

Schnittmuster siehe Vorlagenbogen Seite A

Das wird gebraucht

1 Holzplatte in beliebiger Form und Größe
Rundhölzer, ∅ 8 mm
Wickeldraht
stabiler, gerade noch biegsamer Draht
Tannengrün
Minilichterkette
Holzleim
dünne Zweige (Birke, Weide)
Walderde, Moos, Tannennadeln für den Bodenbelag
Holz, 20 mm (für die Figuren)
Goldbronze (Plaka o.ä.)
Wischmetall Gold aus der Tube
fusselfreier Lappen
Schuhbürste
farblose Schuhcreme

So wird's gemacht

Zeichnen Sie auf die Grundplatte eine Linie, die der Form Ihres gewünschten Krippenstalles entspricht. Entlang dieser Linie bohren Sie in gleichmäßigem Abstand 8 mm große Löcher. Grundplatte aussägen. In jedes Loch leimen Sie ein Rundholz, dessen Länge die Höhe der Seiten- und Rückwand bestimmt. Legen Sie jetzt so lange Zweige abwechselnd vor und hinter die Rundhölzer, bis diese bis obenhin eingeflochten sind. Aus festem Draht bauen Sie ein gewölbtes Dachgerüst. Schneiden Sie dafür den Draht in Stücke und befestigen Sie ihn mit Wickeldraht an den Rundhölzern. Die Minilichterkette wickeln Sie um die Drahtstreben. Zum Schluß wird alles am besten mit künstlicher Tanne abgedeckt, da sie biegsam ist und sich deshalb gut an den Drähten und

Rundhölzern anbringen läßt. Auf die Bodenplatte streuen Sie ein Gemisch aus Tannennadeln, Walderde und trockenem, zerribeltem Moos. Die Krippenfiguren werden mit stark verdünnten Bastelfarben bemalt. Dadurch laufen die Farben besser ineinander. Nehmen Sie pro Figur mindestens zwei Farbtöne, z.B. Grün und Braun oder Grün, Rot und Blau oder Gelb und Braun usw.
Gesicht und Hände werden nun mit verdünntem Braun behandelt. Die Innenlinien können Sie mit einem spitzen Gegenstand (Nagelschere, Stopfnadel) einritzen oder einfach mit Pinsel und Farbe einzeichnen. Der Heiligenschein von Maria und Josef wird leicht golden getönt, die Kronen und Geschenke der Könige kräftig golden bemalt. Die Wischpaste verteilen Sie vorsichtig und gleichmäßig über alle Figuren. Dadurch entsteht der Antik-Effekt. Zum Schluß Schuhcreme auftragen und später kräftig mit der Bürste bearbeiten. Der Geruch ist schon nach kurzer Zeit verschwunden.

In Bethlehem

Schnittmuster siehe Vorlagenbogen Seite A

Nicht immer ist genügend Platz vorhanden, um eine große Krippe mit vielen Figuren aufstellen zu können. Für diese zierliche Krippe, die Figuren sind nicht größer als 4 cm, brauchen Sie weder viel Platz noch Maltalent. Ein wenig Säge-Erfahrung sollten Sie allerdings haben, denn die winzigen Motive müssen sehr sorgfältig und genau ausgesägt werden. Form und Ausmaß der Grundplatte passen Sie dem geplanten Standort an.

Das wird gebraucht

Holzreste, 4 mm dick
Holz, 10 mm dick für die Grundplatte
Holzleim
7 cm Blumendraht für Hirtenstab

So wird's gemacht

Die Grundplatte sägen Sie aus dickem, alle Figuren und Bäume aus dem dünnen Holz. Benutzen Sie für das dünne Holz ein Sägeblatt der Größe 0. Haben Sie alles fertig, dann ordnen Sie die Krippenfiguren, Tiere und Bäume provisorisch auf der Platte an. Verschieben Sie die Teile solange, bis Ihnen die Anordnung gefällt. In diesen Positionen werden sie mit Holzleim aufgeklebt. Eventuell noch eine kleine Stumpenkerze dazustellen, und schon ist die Minikrippe fertig.

Abbildung auf Seite 46/47

Krippenbild

Wer sagt, daß eine Krippe immer nur dreidimensional gebaut sein muß? Viele neue Varianten stecken in diesem Krippenbild, das als Fensterschmuck genauso fungieren kann wie als Paravent für eine Kerze.

Das wird gebraucht

Sperrholz, 5 mm dick
Plakafarbe
Sprühlack matt
schwarzer Konturen-Liner
(z.B. Decorlack-Liner, Marabu)

So kann das Krippenbild in einen Paravent umgearbeitet werden.

So wird's gemacht

Übertragen Sie die Vorlagen auf Sperrholz und sägen Sie das Krippenbild aus. Der Stern wird extra gesägt. Nach dem Bemalen alles mehrmals lackieren und den Stern aufkleben. Wenn Sie ein schönes Holz verwenden, können Sie die hier hellbeige bemalten Flächen auch im Holzton stehen lassen. Den hellen Beige-Ton mischen Sie aus zwei Teilen Weiß und einem Teil lichter Ocker.
Der Umgang mit dem Decorlack-Liner erfordert etwas Übung. Die Konturen stehen dann etwas erhaben und hochglänzend auf dem Holz. Wem das nicht gefällt, der kann die Konturen mit einem dünnen Pinsel oder mit einer Ziehfeder (Schreibwarengeschäft, Hobby- und Künstlerbedarf) aufmalen.
Als Aufhängevorrichtung wurden in die Rückseite des Krippenbildes zwei Reißzwecken gesteckt und mit einer Nylonschnur verbunden. Die Vorlage für das Krippenbild läßt sich auch als Krippen-Paravent verwenden. Übertragen Sie die Vorlagen wie in der Zeichnung Seite 50 unten dargestellt auf drei Sperrholzplatten mit den Maßen 148 x 220 mm. Jede Platte erhält an den schmalen Seiten zwei Bohrungen, durch die ein Lederbändchen gefädelt wird, das die Platten locker miteinander verbindet. Wenn Sie den Paravent um eine Kerze stellen wollen, hinterkleben Sie die drei Motive mit Transparentpapier. Das führt zu einer gleichmäßigen Streuung des Kerzenlichts.

Schnittmuster siehe
Vorlagenbogen Seite A

Es begab sich aber ...

Bunt und farbenfroh – so präsentiert sich diese Krippe, an der sicher nicht nur die Kleinen ihre Freude haben werden.

Das wird gebraucht

Sperrholz, 5 mm und 2 mm dick
1 Rundholz, ∅ 10 mm
Plakatfarben
Klarlack
Holzleim

TIP

Lassen Sie doch Ihre Kinder die Figuren bemalen. Wenn Sie statt 10 mm dickem Sperrholz für die Figuren doppelt so dickes Holz verwenden, sparen Sie sich die Standplatte. Allerdings ist das Sägen und Bemalen dann auch schwieriger.

So wird's gemacht

Alle Teile aussägen und bemalen. Vor dem Lackieren kleben Sie die Figuren auf Standplatten auf. Diese Standplatten finden Sie nicht auf dem Vorlagenbogen. Sie sind aus 2 mm dickem Sperrholz und 30 mm tief. Die Breite richtet sich nach der Breite der Figuren. Das messen Sie am besten selbst aus.
Beim Stall empfiehlt es sich, die Teile vor dem Zusammenkleben zu lackieren. Kleben Sie dann Front und Rückseite auf eine Dachfläche auf. Achten Sie auf einen rechten Winkel. Nach dem Trocknen die zweite Dachfläche aufkleben. Als Firstbalken verwenden Sie ein 120 mm langes Stück Ihres Rundholzes. Alles gut trocknen lassen und Stern montieren.

Schnittmuster siehe Vorlagenbogen Seite A

Weihnachts-pyramiden und Lichter-bogen

Ein Hauch von erzgebirgischer Schnitzkunst weht durch die hier gezeigten Laubsägearbeiten. An diese Objekte sollten Sie sich erst wagen, wenn Sie schon etwas Säge-Erfahrung haben. Nichtsdestotrotz: Die Mühe lohnt sich – und der ganze Zauber der Weihnacht ist Ihrem Zuhause mit diesen kleinen Kunstwerken gewiß.

Lichterbogen Winterwald

Ohne einen Licherbogen im Fenster ist die Adventszeit nur halb so schön. Schon früh am Nachmittag wird es dunkel – Zeit, die Kerzen anzuzünden!

So wird's gemacht

Die Grundplatte, ein Halbkreis von 35 cm Kantenlänge, und der Bogen werden aus 20 mm-Holz gesägt. Für die Bäume und Figuren nehmen Sie 8 bis 10 mm starkes Holz für die Standfläche. Nach den Grundarbeiten beginnt der Zusammenbau. Zuerst kleben Sie die Kerzentüllen mit Holzleim auf die Stufen des Bogens. Mit Wachsklebeplättchen setzen Sie die Kerzen ein. Ordnen Sie alle Bäume und Figuren provisorisch auf der Grundplatte an.

Das wird gebraucht

Holz, 20 mm dick für die Bodenplatte und den Bogen
Holz, 8 bis 10 mm dick für die Figuren
7 Holzkerzentüllen mit Metalleinsätzen
7 Weihnachtsbaumkerzen
7 Wachsklebeplättchen

Der Lichterbogen steht auf jeden Fall mittig und bündig an der hinteren Kante auf der Bodenplatte. Haben Sie die optimale Stellung aller Teile gefunden, wird jedes mit Holzleim aufgeklebt. Um den Schlitten mit kleinen Geschenken beladen zu können, stöbern Sie einfach mal durch die Spielwarenabteilung. Im Kinderzimmer findet sich bestimmt ebenfalls geeigneter Krimskrams.

TIP

Im Kaufhaus können Sie losen, in Beuteln abgepackten künstlichen Schnee bekommen. Streuen Sie diesen über den Winterwald. Er ist unbrennbar, sieht sehr echt aus und glitzert wie richtiger Schnee.

Schnittmuster siehe Vorlagenbogen Seite A

Lichterbogen mit Bären

Über soviel weihnachtlichen Lichterglanz staunen und freuen sich sicher nicht nur die beiden Weihnachtsbären!

Das wird gebraucht

Sperrholz, 10 mm dick
Bastelkleber
Plakatfarbe

So wird's gemacht

Die Einzelteile aussägen, schmirgeln und grundieren. Eventuell nach dem Trocknen nochmals schmirgeln. Je nach Geschmack und Können bunt oder flächig bemalen. Dem Mond und dem Stern können Sie mit verschiedenen Gelbtönen einen leichten Verlauf von Hell nach Dunkel geben.
Die Grundplatte finden Sie nicht auf dem Vorlagenbogen, sie hat die Maße 450 x 100 mm.
Die Grundplatte erhält denselben Blauton wie die Wolken und der Bogen.
Mischen Sie zwei verschiedene Rottöne für die Bekleidung der Bären, damit sie sich etwas voneinander abheben. Vor dem Zusammenkleben werden die Einzelteile lackiert.

Schnittmuster siehe Vorlagenbogen Seite A

Schwibbogen „Nikolaustag“

An diesen Schwibbogen sollten Sie sich erst mit ein wenig Säge-Erfahrung wagen. Nur ein falscher Schnitt, und Sie müssen ganz von vorne beginnen.

Schnittmuster siehe
Vorlagenbogen Seite A

Das wird gebraucht

Holz, 10 mm dick
Bienenwachslasur
Holzleim
Rubbelkleber (Fotozubehör)
4 Kerzentüllen aus Holz mit Metalleinsatz
4 Weihnachtsbaumkerzen
4 Wachsklebeplättchen

So wird's gemacht

Machen Sie sich von der Vorlage ein Kopie. Sie wird mit Rubbelkleber auf das Holz geklebt. Nur so läßt sich das Motiv exakt aussägen. Alle gepunkteten Flächen werden herausgesägt. Wenn Sie mit der Sägearbeit fertig sind, ziehen Sie die Kopiereste vom Holz und rubbeln den Kleber ab. Schleifen Sie dann sorgfältig alle Flächen und Sägekanten. Gehen Sie dabei äußerst vorsichtig vor. Ist alles sauber und glatt? Dann tragen Sie 2 bis 3 dünne Schichten Bienenwachslasur auf. Zwischendurch gut trocknen lassen.
Damit der Schwibbogen einen festen Stand hat, leimen Sie Stützen links und rechts außen an den Bogen. Ebenfalls mit Holzleim werden die Sterne und Kerzentüllen aufgeklebt. In jede Tülle wird ein Wachsklebeplättchen und eine Kerze gedrückt.

Nußschale mit Lichterbogen

Eine so ausgefallene Schale wie diese ist selbstverständlich nicht nur für Nüsse gedacht. Kekse, Mandarinen oder auch nur Tannengrün mit einer glänzenden Weihnachtskugel darauf sind eine stimmungsvolle Dekoration auf Ihrem festlich gedeckten Adventstisch.

Das wird gebraucht

Holz, 20 mm dick
nußbaumfarbene Holzbeize
Holzleim
Pattex
4 Metallhülsen
4 Weihnachtsbaumkerzen
1 dicker Haarpinsel
wasserlöslicher Klarlack

So wird's gemacht

Die Schale entsteht aus einer Bodenplatte, einem ausgesägten Holzring und dem Bogen mit den Engeln. Kleben Sie den Ring mit Holzleim genau passend auf die Bodenplatte und dann den Bogen auf den Ring. Mit einem dicken Haarpinsel beizen Sie die gesamte Schale nußbaumfarben. Gehen Sie dabei zügig vor, damit Sie Ränder und Ansätze vermeiden.

Damit Sie die Schale auch mal feucht abwischen können, tragen Sie noch einen farblosen Schutzanstrich aus wasserlöslichem Klarlack auf. Sobald der Lack durchgetrocknet ist, können die Metallhülsen mit Pattex aufgeklebt und die Kerzen eingesetzt werden. Jetzt brauchen Sie Ihr gelungenes Werk nur noch mit leckeren Dingen zu füllen.

Schnittmuster siehe
Vorlagenbogen Seite A

Bogenpyramide

Läuft das Eselchen oder der Weihnachtsmann voraus? Wer will das so genau sagen, wenn sich die Pyramide im Kerzenschein im Kreis dreht?

Das wird gebraucht

Sperrholz, 2 mm, 5 mm und 10 mm dick
evtl. Vierkantholz, 5 x 5 mm
1 Rundholz, ∅ 7 mm
1 Stück eines Besenstiels, ∅ 27 – 30 mm, 20 – 25 cm lang
1 Kreuzschlitzschraube, ca. 15 mm lang
2 dünne Holzschrauben, ca. 20 mm lang
evtl. 8 dünne Holzschrauben, 20 mm lang
1 Fahrradspeiche (für 28-Zoll-Rad)
9 unlackierte Holzperlen, ∅ ca. 14 mm
1 Stück Radiergummi, ca. 1 x 1 cm groß
4 Bierflaschen-Kronkorken (möglichst unverbogen)
Plakatfarben
schnelltrocknender Seidenmatt-Sprühlack (z.B. Marabu)

Rotor-Mittelteil Längsschnitt

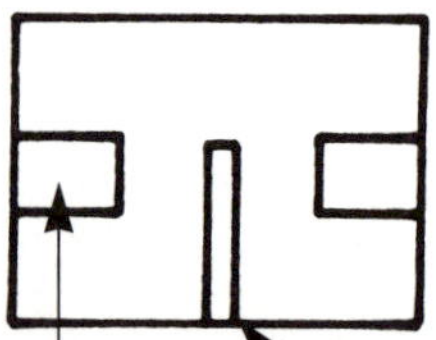

Rotor-Mittelteil Querschnitt

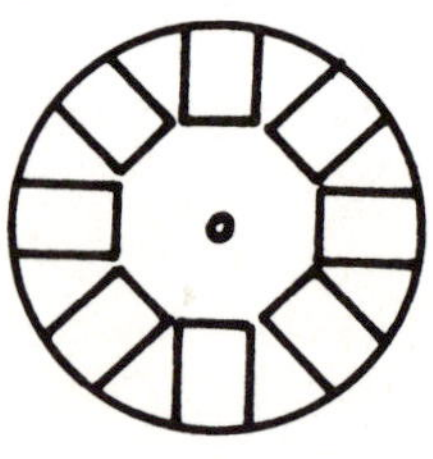

Das Mittelteil wird achtmal von der Seite her angebohrt

So wird's gemacht

Alle Teile werden ausgesägt, die Kanten geglättet, mit den entsprechenden Bohrungen versehen, bemalt und dann lackiert. Dann beginnt der Zusammenbau. Eine Ausnahme bildet der Baum: Er wird mit den vier Baumstützen (Vierkantholz, 5 x 5 mm) zu einem sternförmigen Gebilde zusammengeklebt und dann bemalt und lackiert. Schrauben oder kleben Sie die acht Holzperlen als Füßchen unter die Bodenplatte. Dann wird der Bogen an den vorgesehenen Bohrungen von unten durch die Bodenplatte angeschraubt. Von der Fahrradspeiche zwicken Sie das dicke Ende mit dem Seitenschneider ab, so daß die Achse noch 29 cm lang ist. Feilen Sie das Ende der Speiche zu einer möglichst dünnen Spitze.

In die Mittelbohrung der Bodenplatte schrauben Sie die 1,5 cm lange Kreuzschlitzschraube. Unter die Drehscheibe kleben Sie die Stütze für die Drehscheibe – Loch auf Loch. Bringen Sie auf der Rückseite der Figuren Stützen an. Dazu verwenden Sie 10 mm dicke Holzreste. Die Figuren stehen dann besser und haben eine größere Klebefläche. Auf der Drehscheibe wird nun der Baum befestigt. Bitte genau in die Mitte, damit man später ohne Schwierigkeiten die Achse durch Baum und Drehscheibe stecken kann. Dann die Figuren festmachen. Testen Sie, ob die Figuren beim Drehen den Bogen berühren und korrigieren Sie den Stand, falls das der Fall ist. Jetzt die Achse durch die Bohrung im Bogen oben und die Drehscheibe mit den Bäumen führen. Unterhalb der Stütze für die Drehscheibe spießen Sie das Stück Radiergummi auf. Es hält die Drehscheibe durch Reibung in Position. Die gefeilte Spitze an der Achse steht in der Kreuzschlitzschraube auf der Bodenplatte.
Nun fertigen Sie den Rotor an. Von einem Besenstiel haben Sie ein 20 bis 25 m langes Stück abgesägt und mit einer 2 mm-Bohrung in der Mitte versehen. In gleichmäßigen Abständen bohren Sie seitlich acht Löcher (Durchmesser 5 mm) in das Stück (siehe Abbildungen links). Auf das Rotor-Teil kleben Sie eine Perle und schrauben es dann auf das Gewinde der Achse. Leimen Sie acht Rotorblätter in die Verbindungshölzchen. Die Hölzchen können Sie am nichtgeschlitzten Ende mit dem Bleistiftspitzer leicht anspitzen. So lassen sie sich gut im Rotor-Mittelteil verklemmen. Kleben Sie die bemalten und lackierten Kronkorken auf die Untersetzer und dann auf die Bodenplatte der Pyramide. Dann die Rotorblätter einsetzten. Kerzen in die Kronkorken-Halter setzen.

Schnittmuster siehe Vorlagenbogen Seite A

Ringpyramide

Ob die Engelchen auch für alle ein Geschenk dabei haben? Wie auch immer: Ihnen scheint das sanfte Drehen der Pyramide Spaß zu machen.

Das wird gebraucht

Sperrholz, 2 mm, 5 mm und 10 mm dick
Holzreste, ca. 10 mm dick und 30 mm lang
1 Rundholz, ⌀ 7 mm
1 Stück eines Besenstiels, ⌀ 27 – 30 mm, 20 – 25 mm lang
1 Kreuzschlitzschraube, ca. 30 mm lang
1 Fahrradspeiche (für 28-Zoll-Rad)
6 unlackierte Holzperlen, ⌀ 14 mm
1 Stück Radiergummi, ca. 10 x 10 mm groß
4 Alu-Schraubverschlüsse (Mineralwasserflaschen)
Plakatfarben
schnelltrocknender Seidenmatt-Sprühlack (z.B. Marabu)

So wird's gemacht

Nach dem Aussägen und Schmirgeln werden die Einzelteile mit den vorgeschriebenen Bohrungen versehen und dann bemalt und lackiert. Die vier Bäume mit vier Holzresten zu einem sternenförmigen Gebilde zusammenkleben und bemalen und lackieren. Der Ring wird aufrecht stehend mit der 30 mm langen Kreuzschlitzschraube auf der Bodenplatte festgeschraubt. Zur Stabilisierung kleben Sie von beiden Seiten die Ringstützen auf die Bodenplatte. Von der Fahrradspeiche zwicken Sie das dicke Ende mit dem Seitenschneider ab, so daß die Achse noch 270 mm lang ist. Feilen Sie das Ende der Speiche zu einer möglichst dünnen Spitze. Unter die Drehscheibe kleben sie die Stütze für die Drehscheibe – Loch auf Loch.
Zwei Engel bekleben Sie mit dem Päckchen, den zwei anderen stellen Sie den Sack zur Seite. Auf der Rückseite der Engel montieren Sie kleine Stützklötzchen (Holzreste). Auf der Drehscheibe wird nun der Baum befestigt. Bitte genau in der Mitte, damit man später ohne Schwierigkeiten die Achse durch Baum und Drehscheibe stecken kann. Dann die Engel festmachen. Testen Sie, ob die Figuren beim Drehen den Ring berühren und korrigieren Sie den Stand, falls das der Fall ist. Jetzt die Achse durch die Bohrung im Ring oben und die Drehscheibe mit den Bäumen führen. Unterhalb der Stütze für die Drehscheibe spießen Sie das Stück Radiergummi auf. Es hält die Drehscheibe durch Reibung in Position. Die gefeilte Spitze an der Achse steht in der Kreuzschlitzschraube.
Nun fertigen Sie den Rotor. Von einem Besenstiel haben Sie ein 20 bis 25 mm langes Stück abgesägt und mit einer 2 mm-Bohrung in der Mitte versehen. In gleichmäßigen Abständen bohren Sie seitlich acht Löcher (Durchmesser 5 mm) in das Stück (siehe Abb. Seite 60). Auf das Rotor-Mittelteil kleben Sie eine Perle und schrauben es dann auf das Gewinde der Achse. Leimen Sie die acht Rotorblätter in die Verbindungshölzchen. Die Hölzchen können Sie am nichtgeschlitzten Ende mit dem Bleistiftspitzer leicht anspitzen. So lassen sie sich gut im Rotor-Mittelteil verklemmen.
Kleben Sie die bemalten und lackierten Alu-Schraubverschlüsse auf die Bodenplatte der Pyramide. Dann die Rotorblätter einstecken und die Kerzen in die Halterung setzen.

Schnittmuster siehe Vorlagenbogen Seite A

Die Deutsche Bibliothek – Cip-Einheitsaufnahme

Weihnachtliche Laubsägearbeiten :
Anleitungen und Vorlagenbogen /
Karina Stieler/Gabriele Wollenheit. – Augsburg :
Augustus-Verl., 1997
ISBN 3-8043-0512-1

Objekte und Texte auf den Seiten 16, 17, 26, 27, 30 bis 32, 40 bis 43, 51 bis 54, 57 und 60 bis 63 stammen von Karina Stieler.
Alle übrigen Objekte und Texte von Gabriele Wollenheit.

Fotografie: Klaus Lipa, Augsburg
Lektorat: Andrea Müh
Umschlaggestaltung: Christa Manner, München
Layout: Bernd Walser, München

Zum gleichen Themenkreis sind im Augustus Verlag außerdem folgende Titel erschienen:

Wollenheit: Tierische Laubsägearbeiten
Wollenheit: Laubsägearbeiten Windspiele

AUGUSTUS VERLAG AUGSBURG 1997

Satz: Bernd Walser Buchproduktion, München
Reproduktion: Fotolito Veneto, Verona
Druck und Bindung: Appl, Wemding
Gedruckt auf umweltfreundlich elementar chlorfrei gebleichtes Papier.
ISBN 3-8043-0512-1
Printed in Germany